U0127944

# 粵菜

THE TEN MAJOR NAME CARDS OF
LINGNAN CULTURE

目錄

# CONTENTS

As a Chinese saying goes, "Food is the first necessity for the people." The Cantonese love to enjoy food and learn infinite ways to prepare it. To meet the demands of picky diners, owners of local restaurants rack their brains for all kinds of flavor preferences.

# 從晨曦初照開始品味

「民以食為天」，廣東人愛吃、懂吃，為了滿足挑剔的食客，粵菜館的經營者挖空心思。

廣東人愛喝早茶，在「一盅兩件」裡尋找的其實是談談家長裡短、聊聊天下八卦的樂趣。廣東的早茶文化，其早茶場景就是傾聽和傾訴的文化

凌晨時分，大多數人還在睡夢中，馬路上已馳騁著食品配送車。送貨員將最新鮮的食材送達酒家，酒家的接貨員有條不紊地收貨、驗貨，並快速地將食材分門別類地存放。

當朝陽剛好灑在酒家牆壁上時，玻璃大門打開，服務員熱情的聲音響起，「阿姨早晨」，「阿伯今日咁開心，帶個孫來飲茶」，「是不是還為您沏普洱茶」……早茶在充滿溫情的問候聲和一派喧囂中開始了。點心師在廚房忙碌地工作，熱騰騰的粥品在瓦煲中翻滾，包點在蒸籠裡散發出誘

潮式炒魚麵

人的香氣，腸粉一碟碟被送往大廳和包房，服務員在各個角落穿梭往來，遞上點心，續上茶水，跟茶客閒聊兩句。

過不了多久，後廚部的廚師就開始製作午餐食品了，炭燒青魚烤得卜卜脆，蜜汁燒排骨和化皮燒肉惹人垂涎，香味四溢的炭燒拼盤是今天重點推薦的菜式；滷味師傅抓起一隻滷好的又粗又長的獅頭鵝鵝頭，手起刀落，乾淨利落地切成整齊的小塊，碼在碟子中油光透亮，這是招牌的「獅頭老鵝頭」，一定要選用潮汕看家的老鵝頭才有味道；負責鮑翅製作的師傅正在沉思，他拿不定主意，是推介鐵板窩燒大連鮑，還是濃湯雞煲翅？前者用鐵板盛放，有粗糲的觀感，後者由白色沙

廣東名菜雞煲翅

鍋承載，有溫婉的氣息；風格菜廚師已經站在廳房的爐子前，準備為客人現場煎製頂級雪花牛肉，脂肪肥瘦均勻的牛肉，要放到扒鍋內煎製，當「滋滋」聲響起，香味飄散開來，廚師會詢問客人要幾成熟，將牛肉剷起擺放到碟子中，淋上熱騰騰的黑椒汁，拌上蔬菜沙拉，然後，一邊留意著客人的反應，一邊帶著微笑離開廳房；湯品師傅今天準備的是一窩清湯菜葉，沒有放味精，更不是偷懶用雞精調配的湯水，是從早上七點開始煲的雞骨架加豬骨清湯，加入非常新鮮健康的有機菜葉。

午餐時光來臨，一群白領相約走進酒家，他們拿著菜單討論著吃什麼菜，樓面經理細心地聆聽他們的要求，要有湯、有菜、有肉、有點心，還要上菜快，經理於是介紹商務套餐，菜式豐富，能滿足他們每個人不同的願望。

華燈初上，酒家更顯熱鬧非凡。大堂正設婚宴，酒家負責人細心地核查那為新婚夫婦特別訂製的三層結婚蛋糕，查看那蛋糕上的花邊是否完好無損。小宴會廳裡，服務員來到舉辦彌月宴的新媽

風格菜廚師為客人表演堂煎牛肉

客家黃酒煮雞

媽跟前，端上三款食物——木瓜鯽魚湯、雞肉炒酒和豬腳薑醋，笑盈盈地向新媽媽道喜，那是酒家贈送的特別為喂母乳的媽媽準備的補品。「我可以全部都要麼？」年輕的媽媽略帶點臉紅地問，服務員笑著說：「當然可以！」所有的宴客都笑逐顏開。在案板間，一群男女老少忙忙碌碌，貴賓廳裡的壽宴是為家中的老壽星而設的，最有意義的莫過於親人們親手製作的壽包，他們一邊忙活一邊討論著老壽星收到這意想不到的禮物時，會是怎樣的表情。

獅頭老鵝頭

這些場景，在廣東的每一家經營粵菜的食肆裡，每天都上演著。

The gastronomic Cantonese have a routine food and drink involving "3 tea breaks, 2 meals and 1 late snack", which accounts for prosperity of the local catering business. The characteristic of "no authentic Cantonese cuisine" is an affirmation of its all-embracing and integrative features.

# 和味粵菜，五滋六味俱全

「三茶二飯一消夜」，充分反映了廣東人對美食的熱愛以及廣東食肆的繁榮景象，而「粵菜無正宗」，則是對粵菜兼容並蓄、融會貫通的肯定。

對於粵菜，喜歡的人會稱讚其風味獨特，不喜歡的人會評價說太清淡不刺激。但是隨著飲食觀念的轉變，大多數人開始認同粵菜的健康理念，當「生猛海鮮」成為平民消費，當結賬有了國語直譯版本的「埋單」，粵菜已經在不顯山不露水之間征服了大家的胃口。

廣州人出外旅行時，覺得最不能忍受的是在非正餐時間找不到熱飯菜可吃，這大概是被廣州的食

肆寵壞了。廣東大部分地區的飲食業非常發達，能數得出的餐數，包括「三茶二飯一消夜」，「三茶」指早茶、下午茶、夜茶，「二飯」指中午餐和晚餐，再加上「一消夜」，也就可以說，只要有時間和閒情，從早上到深夜，酒店、茶樓、餐館、大排檔乃至街邊的小吃攤，各種檔次，不同消費的食肆隨處可見。

粵菜的形成和發展也跟其他文明一樣，受著各種因素的影響。要說到粵菜的淵源，可追溯到秦。早在秦征邊之際，嶺南的飲食就已經受漢文化的影響，這從飲食器皿的使用上可見一斑。從南越王宮遺址出土的一組陶罐中可以看到，這組陶罐茶杯大小，是一組廚房用品，用於盛放調味料，其外形設計精巧，與時下某些餐廳所用的調味架極相似；而在南越王墓的陪葬品中，有大量的飲食器皿，巨型的如青銅酒壺，精緻的如燒烤用的青銅燒烤爐，小巧的如防螞蟻的掛鉤，不由得讓人驚嘆古粵人對待美食的嚴謹態度。

到漢唐時，粵菜開始成形。這一時期，移民來的漢民和當時的原住民越民在文化上的融合已經基本完成。據《嶺表錄異》所載，其時，嶺南人的烹飪技法已經相當純熟，且保持了雜食的地域特色。

在宋朝末年，有記載廣州的食肆「夜市直至三更盡，才五更又復開張」。當時因皇朝更替，貴族

喜慶的宴會廳

們散居廣東，他們的家廚帶來了先進的烹飪技術，令粵菜達到了可與中國其他菜系相提並論的高度。

到明清時期，嶺南的農業得到了良好的發展，百姓富裕，從而派生出講飲講食的風氣，鄉土美食亦因此得到較完善的發展。在清朝一口通關時期，廣州內外商賈雲集，飲食行業得到更大的突破。由於經濟基礎好，西關的茶樓和酒樓生意興隆，乃至如今流行於港澳的很多傳統小吃也出自西關。如今的廣州西關依然是品味傳統嶺南美食的代表區域。

民國時期，中西文化的交流，餐飲理論的交匯，直接影響到飲食文化。俗語稱「粵菜無正宗」，也就是對粵菜在南北、中外菜式融會貫通的肯定，比如廣式臘味是在那時開始發展起來的，粵菜調味中的喼汁亦是源於當時西餐的做法。

城市快節奏，美食留人醉

據飲食界知名人士稱，二十世紀末，粵菜以其海納百川的氣魄和推陳出新的創新精神，以暴風雨的速度在全國掀起熱潮，在某些地區，粵菜廚師的酬勞甚至要比當地菜系的廚師高出一倍。

清朝的《羊城竹枝詞》曾經用最簡潔的語言，形象地概括了粵菜的幾個特點：

「響螺脆不及蚝鮮」——個性化食材的選擇，覺得炒響螺肉不夠爽脆的，可以吃新鮮肥美的生蚝；

「裝飾奢華飲食精」——這是指餐飲場所的裝飾

豪華，在這樣的地方飲食，絕對是奢華的享受；

「賓朋從此樂壺觴」——做生意要從餐桌上開始，摸摸酒杯底，斟斟生意經；

「花筵捐重曾無吝，知否人家啖粥齏」——並非人人都喜歡大魚大肉、鮑參翅肚，地道的風味小吃，一樣令人趨之若鶩；

有現代氣息的包房，裝飾豪華舒適，也是宴客的要求

「餅餌家家饋送多」——你是否對此以食物傳情的方式亦心領神會？

「芋香啖遍更香螺」——山野食品在大都市的中秋夜裡，能慰鄉愁吧？

「魚翅乾燒銀六十，人人休說貴聯陞」——努力賺錢，就能吃上好東西，廣東人的務實精神可見一斑；

……

廣東人的性格之種種，無不在飲食上體現得活靈活現。在廣東的各大城市或鄉鎮裡，能夠選擇的飲食場所有很多，食物種類也很多，但是歸根到底是跟誰吃、吃什麼、在哪裡吃的問題。

Cantonese cuisine is a key part of the Cantonese culture. Like other food cultures, the cuisine has gradually developed over time into a distinctive variety with local variations.

# 歲月積澱的味道

粵菜是廣東文化的一個重要組成部分。粵菜文化也跟其他文化一樣，隨著歲月的積澱，逐漸發展出自己的地域特色。

各類餐前小食（涼拌或醃製食品）

廣東省是一個以漢族為主體的多民族省份，其中三大民系，廣府民系、客家民系和潮汕民系，都各自具有獨特的飲食文化。南越原住民中，人口比較多的有壯族、瑤族、畲族、回族和滿族等，他們都是廣東的世居民族。

古時廣東地區各個族群的居住地混雜，環境條件、經濟基礎不一樣，生活習俗更是不同。長久以來，人們學習和平相處之道，互相包容之間的文化差異，致使各族群的飲食習慣也開始相互影響、互相融合，經過兩千多年的歷史積澱，形成了粵菜異彩紛呈的風格。

今日的廣州市區，不難找到回民飯店，也有專門出售清真食品的食品店，他們都嚴格恪守著宗教信仰，絕不出售豬肉以及和豬肉相關的食物。

壯族人善於醃製食物，蔬菜醃製後即為粵菜中的鹹酸菜，後來發展為粵菜中極受歡迎的餐前小吃；肉類、魚類也可以用來醃製，醃魚叫做鮓。在文獻記載中，壯族人還有製作灌血腸的傳統，這對粵菜中的臘味一類的肉類醃製，都產生過借鑑作用。

壯族先祖喜歡生吃肉類，也喜歡飲動物的生血，認為其有藥療作用。雖然以現在的觀念來看，這些食法是否真能得到預期的效果

古法狗肉煲

值得商榷，但是這些食法在現今粵菜中並不鮮見，如在順德菜中傳承下來的有吃魚生的習慣；潮州菜中，有生吃鮮蝦的菜式；在廣東的某些地方，有吃生的草原紅牛的菜式，前提是紅牛肉的質量須上佳。

瑤族先民是百越的一部分，喜歡居住在山上，

「吃盡一山，則移一山」是他們的生活寫照。由於居住在山中，山珍野味便是他們的日常食材。由於勞作時一般離家較遠，午飯只能在外食用，為方便起見，族民便用竹筒將大米和肉裝好隨身攜帶。中午時分就地找個地方生火，將竹筒直接放到火上烤，這樣製作的竹筒飯特別的鮮香。而現在在大城市裡，粵菜館中以竹筒作為炊具或盛具的菜式時有所見，竹筒飯、竹筒香肉等，都充滿著山野氣息。

畲族先民喜種茶，有「畲山無園不種茶」的民諺，喝茶的文化直接派生或演變為潮州的「工夫茶」。據說至今居住在潮州鳳凰山的畲民，家中都擁有成套的烹煮茶具。據載，畲族先民還有吃

田鼠的傳統，如今的山野菜式中，偶爾也會出現臘田鼠乾。

吃蛇是南越先民雜食的習俗使然。古代嶺南叢林密布，蛇可以説是易取之材。如今，蛇這種食材在粵菜中也生發出種種野味十足的菜餚，比較受歡迎的有海豹蛇、水律蛇、水蛇等，炮製的方法有蛇羹、鹽焗、滷水、椒鹽、燉或炒蛇柳等。

「冬至魚生夏至狗」，粵人吃狗肉的習俗也由來已久。在廣東固有的觀念裡，認為狗跟飼養的豬沒什麼分別，都是可供食用的畜類。白切狗肉是雷州的第一名菜，在街頭隨處可見售賣狗肉熟食的。

不得不提的是，某些長相醜陋的昆蟲，廣東人也認為是上好的食材。長在水裡像蟑螂的龍蝨，酥炸、用豉汁炒或用來煲湯，有滋陰補腎的功效；禾蟲和竹蟲，要到特定的季節才能吃到，用雞蛋清蒸成小炒，蛋白質豐富；蠍子倒是常見的，經由大量人工飼養，用來燉土茯苓湯，可以清熱解毒。

廣東人善於吸納多民族飲食文化之豐富營養，融合多民族烹煮技術之所長，使得粵菜在多年的沉澱積累後成為中國菜中的一朵奇葩。

生曬魚乾

As a saying goes, "Guangzhou offers the most diverse and delicious dishes". Thanks to its developed economy and the frequent cultural exchanges which take place in Guangzhou, the Guangzhou dishes of Cantonese cuisine are dynamic in comparison with other Chinese cuisines.

# 廣州菜的千變表情

所謂「食在廣州」，廣州得益於經濟的發達，文化交流的頻繁，使得廣州菜比之中國的其他菜系，更具善於變化的特點。

比翼齊飛配
杏仁汁

廣府菜存在的範圍廣，在地域上包括廣州、佛山、順德、中山、南海、東莞、清遠、韶關、湛江等地，省外的則有海南島、廣西部分地區、港澳臺地區以及海外部分地區。

廣府菜以省會廣州菜為代表，所以也有將「廣府菜」等同於「廣州菜」的說法。廣州菜偏重於菜餚的質和味，選料講究鮮嫩，味道清香，入口必須爽滑。廣州菜擅長小炒，尤其講究「鑊氣」，即火候及油溫，並講究現炒現吃，以保持菜餚的色、香、味、形。

碧綠乳鴿

廣州菜集百家之長，菜餚所選的食材廣泛，配料繁多。更重要的一點是，廣州的餐飲從業者，能夠適應市場選擇的原則，在經營上或固守或創新，皆能達到博采眾長的結果；在改進融會過程中，形成眾多的飲食風格。因為飲食業競爭激烈，餐飲從業者無不挖空心思討好食客，從食物原材料的選擇、用餐環境的考究，到廚師力創招牌菜，以及菜式的商業包裝等都下足工夫。一年一度的美食節以及項目繁多的美食競賽，為餐館和廚師提供了大舞台，其最直接的效果就是，讓人能夠直觀地體驗到飲食業的發展，以及發展的水平。

廣州的飲食特點可概括為：菜餚精、點心美、小吃多。廣州人的餐飲消費也跟廣州人的性格如出一轍，有不求鋪張的務實精神。廣州菜的筵席菜品講究搭配，一般由冷盤、熱葷、湯羹、大菜、主食、甜品和水果組成，菜品在八九道之間，禽畜類和水產互相配對，講究上菜順序。現代的宴席，也趨向於按位上菜的西餐飲食理念，向精細化的製作方向上靠攏。

在廣州享受美食，方式多種多樣。很多人對於廣州這座城市難捨的依戀，往往源於對廣州美食的鍾情。

宴請貴賓的首選是那些上檔次的特色酒樓，無微不至的服務，幽雅的園林景緻，名人墨寶，古董展示……酒樓充當著綵帶的角色，賓主盡歡之餘，從生意夥伴過渡到朋友的橋樑，從這裡開始築建。提前預訂菜式可謂司空見慣，而應食客的飲食偏好和身體狀況，由醫學和營養專家提供專

青芥片皮雞配網
皮雞肉卷

業的意見，從而設定特殊菜單的經營模式也逐漸興起，從單純的菜式精緻，走向個性化的管家式餐飲服務。為迎合社團的特殊安排提供的到會服務，也是粵菜宴會經營中的一大特色。

清風朗月，與大自然零距離對話，向來是文人墨客追求的至高境界。在崇尚快速消費的今天，唯有古韻飄馨的茶藝館讓人體驗到古人武文弄墨、與心交碰的歡愉。現今的茶藝館門檻越來越低，敞開胸懷迎接願意被其薰陶的人。無絲竹可以聽天籟，無墨香可以聞花香，領悟茶之美，佐以精美的茗點，茶韻融入空氣瀰盪著祈求寧靜的心魂。

廣州隨處可見的街邊小吃

「飲茶去！」是廣州人的口頭禪，茶樓的喧嘩熱鬧最是天倫之樂的顯現。茶客來往穿梭於各點心攤位為親朋選擇可口的點心，看看報紙說說八卦，過道上孩子奔走雀躍。在這世俗的一幕裡，茶壺裡盛載著的茶水也變得溫情四溢。

傳統小吃從來都散發著頑強的生命力。師傅在灶台上手腳麻利地忙碌，長勺飛舞之下眼花繚亂之中美食便端了上來。蘿蔔牛腩粉、炸醬麵、芫荽肉丸湯、明火艇仔粥、芝麻湯圓，再加一碗龜苓膏，可以清熱解毒養顏。眼前是簡陋樸實的裝修，小吃熱熱地流淌到肚子裡，暖和擴散到全身，回味著口齒之間的餘香，不由得你不感嘆：「民以食為天。」

除卻大都市的喧囂，鄉村特色餐飲也備受青睞。週末自駕車到田野邊上的農家菜館，簡樸的平房，門口是大曬坪，對著的是大池塘，倚在池塘邊的竹椅上，品嚐地道的農家菜，呼吸空氣中飄蕩著的大自然的清香氣息，夜幕降臨時還可以看月光灑在田野上，偶爾傳來幾聲蟲鳴。客人並不多，沒有高談闊論，沒有觥籌交錯。食客們臉上沒有往日的緊張浮躁，換上的是輕鬆愜意。這樣的夜色，這樣的小店，怎能不讓人流連忘返？

Chaozhou dishes may be considered to represent the entire Cantonese cuisine. This cuisine originated from common households but has now become a synonym for high-grade, sumptuous and elaborate food owing to its refined preparation with carefully selected raw materials as well as the Chaozhou people' s special aptitude in business administration.

# 從平民到殿堂的潮州菜

潮州菜可以說是粵菜的代表，菜式雖出自平民百姓家，但其製作精細，用料考究，又得益於善於經營的潮商，潮州菜如今成為高檔、奢華、精細的代名詞。

潮州菜發源於潮汕平原，在地域上包括潮州、汕頭、潮陽、普寧、揭陽、饒平、南澳、惠來、海豐、陸豐等。古時潮州為廣東名鎮，其菜式習慣上稱為潮州菜，後來汕頭作為新興的城市崛起，也稱為潮汕菜。

潮州鳳凰山原是畲族人的發源地，在唐朝之前，該地的飲食文化仍然是土著文化占主導地位。韓愈任職潮州時，曾寫下一首詩，真實再現了在潮州體驗飲食的奇觀。他所記錄的食物種類和飲食的方式，與中原的漢族飲食文化有較大的差別，所以他的心聲是：「莫不可嘆驚。」潮州人雜食，有各式各樣的海產：鱟、蚝、蒲魚、蛤、章魚、珧柱等數十種，當時如果能捕獲的話，鱷魚肉也是要吃的，凡此種種都令韓愈感覺新奇。以辣椒和橙子作為佐料的做法，在時下的潮州菜中依然沿襲著。

潮汕平原地區土地肥沃，適宜耕種農作物，而濱海地區則適宜發展漁業和曬鹽業，又因東瀕大海，擁有廣東重要的商埠港口，潮商在中國商圈中占有重要的一席之地，這些因素都對潮菜的發展起到重要的作用。

潮州護國菜

潮州菜的特色鮮明，可用多元來概括。

海鮮烹飪廣。潮汕地區盛產海鮮，他們稱為「無海鮮不成宴」，從高檔的鮑、參、翅、龍蝦，到平民化的蝦干、蚝豉、響螺、花蟹，不可一一盡述，都各自擁有捧場的食客。

潮州著名的滷水拼盤

潮州滷製品花樣新。潮州菜將冷盤菜稱之為打冷，這些冷盤食物大部分為滷味，以禽畜類為主，有滷水鵝掌翼、滷水鵝肝、滷水鵝頭等等。烹飪方式是先製作好精滷水，即在清水中加入豬骨、雞骨、大地魚、珧柱、火腿等，再加上適量的藥材，有的多達十幾種到幾十種配料，將這些材料煲製成湯就是精滷水，然後將肉類放到滷水湯中，以微沸的水溫浸熟，食用時切件上碟即可。這種烹飪方法適宜批量生產，而且能滿足快速出菜的餐飲業經營需求，所以潮式滷水菜品，在粵菜館的冷盤菜裡，是很受歡迎的菜式品種。

素菜好味。「護國素菜」是潮州名菜，有關這道菜的故事引人入勝。相傳在宋朝，最後一任皇帝逃難到潮州，寄宿在一座深山古廟裡，廟中僧人對他十分恭敬，看到他一路上疲勞不堪，又飢又餓，便在自己的一塊蕃薯地採摘了一些新鮮的蕃薯葉子，去掉苦葉，製成湯菜。少帝正飢渴交加，看到這菜碧綠清香，軟滑鮮美，吃後倍覺爽口，於是大加讚賞，封此菜為「護國菜」。此名一直沿用至今，潮菜中也有粗料細作的傳統，將蕃薯葉製作成美味的湯羹，這款菜後來發展成為造型美觀的「太極羹」，用料也從蕃薯葉拓展到其他的綠色葉菜。更有甚者將素改成葷，加入雲腿，稱之為「雲腿護國菜」。

甜品小食多。「鴨母捻」是一款潮州馳名小吃，即類似於有餡湯圓的米粉製品，因盛放到碗中的形態可愛而跟「鴨母」拉上了關係。潮州粥品也為人們津津樂道，潮州白粥一般要佐以鹹菜、橄欖菜或貢菜。

醬碟佐食。醬碟中裝入不同的佐料，以補充在烹調過程中食物調味不足，是潮州菜的一大特色。而且醬碟中的調味品種類豐富，有用植物的如辣椒醬、普寧豆醬，有用海鮮的如魚露；醬汁的色澤更是五彩繽紛，味道有咸、甜、酸、辣、澀、鮮，或者同時兼具幾味於一碟。

HOUSEHOLD-TO-PALACE TEOCHEW FLAVOR

從平民到殿堂的潮州菜

As opposed to the Chaozhou dishes, which are known for seafood, the Kejia dishes appear to carry on the ancient food culture of the Central Plain using mostly mountain or rural produce as raw materials.

# 客家菜的智慧和文化底蘊

相對於潮州菜善用「海味」，客家菜則似乎秉承了中原地區的飲食文化的底蘊，更多的是採用「山珍」或鄉土食材。

夢裡不知身是客，人總是容易融入周遭生活並自得其樂。「客家人」卻顯得例外，他們明明白白地標榜是「客」，表明了不肯完全融合當地鄉土文化的心態，客家文化源遠流長也是基於這份不妥協。客家人辛勤拓荒、意志堅韌、善良質樸，是一個獨特族群。據史料記載，客家先民是古代為躲避戰亂、自然災害而大規模南遷的中原人，歷盡艱難險阻，多數是有組織、整村整族地遷徙，最後主要選擇在閩粵贛邊地區居住。

客家紅燜肉

廣東的客家菜如果要細分的話，分為東江流派，主要分布在東江流域；以及梅興流派，以梅州為代表。

舊日的客家人居住地多處於山間僻地，處境貧窮，同時要從事繁重的體力勞動，於是養成了「鹹、肥、香」的飲食習慣。如同客家話裡保留許多中原古韻般，客家菜也體現著中原的傳統生活習俗，加之吸取遷徙途經之地的諸多飲食特點，令客家菜形色豐富多彩，既有吳越地區的酸甜菜餚，也有巴蜀湖廣地區的辛辣食品，更有閩粵地區的醬醃味菜，同時也深受同樣居住在山區的畲族飲食習慣的影響。客家菜由於循規蹈矩地

客家傳統手撕鹽焗雞

經營，所以長久地在粵菜中占有重要的一席之位。

客家菜中少不得的是豆腐菜式。豆腐以泉水石磨手工磨製的為上品，豆腐花清香入口即化；釀豆腐是最平常的小菜；豆腐乾韌香可口，色澤金黃通透，嚼之有味；當然少不得的是客家釀豆腐。有觀點認為此菜的來源，是因為客家人思念北方的餃子才創出來的，其實不然。在瑤族人的傳統飲食中就有將肉餡釀入蔬菜瓜果的，品種可達「十八釀」之多，釀豆腐也是他們的保留菜式，他們稱之為「豆腐圓」或「豆腐釀」。

客家釀豆腐大致可分為三種，一是在白豆腐上釀入肉餡，然後再經過蒸、煎、煲製成菜品；二是把水豆腐先用油炸，然後一塊炸豆腐對開成二，釀入豬肉餡後隔水蒸就；三是將四方塊的豆腐乾斜切成兩塊，在三角形的豆干裡釀入肉餡然後再烹飪。釀豆腐用的豬肉餡一般用五花腩肉，肥瘦適中，加入冬菇、魷魚等，通常也加胡椒粉調味。

客家菜裡肉類以雞、鴨、豬、魚為主，以牛肉做的菜式較少，因為牛是耕地的主要勞動力，但傳統手工製作的牛肉丸卻大受歡迎，其製法可以追溯到兩千多年以前的《禮記註疏》記載八珍中的第五珍——「擣珍」。肉丸是客家的傳統風味食品，製作也別具特色。

山村客家人是這樣製作肉丸的：精選肉類切成小片，放入特製的石「料臼」內，用木料椎舂爛，叫打料。然後加入適量的水、鹽、鹼、味精等佐料，用木料椎攪拌均勻。接下來按照「一碗精肉兩碗粉」的配製比例，放進薯粉，用料椎反覆沖擂，直到「肉丸料」做成。最後從石「料臼」挖出肉料，做成肉丸子，放入蒸籠內蒸熟，叫蒸料。食用時可蒸、可煮、可炸、可炒，蒸的脆爽，煮的韌滑，無論哪種方式均可做成道好菜。客家肉丸的特點是，味道純正，保持原肉味，既有韌性又很爽脆，既有嚼頭又不打渣。

客家人對土地的深情也表現在飲食裡，例如最為人所熟悉的梅菜乾。梅菜乾有兩種：甜菜乾和酸菜乾。甜菜乾顏色烏黑油亮，與肉同煮時香甜鮮美，製作時先將鮮芥菜洗淨，曬一至二天，至菜葉曬軟，然後用蒸籠燻蒸，蒸後再曬，曬後又蒸，如此反覆三次以上，即所謂的「三蒸三曬」，有的加工精細的要九蒸九曬，以梅菜製作的扣肉是客家菜中必不可少的品種；而酸菜乾顏色黃褐，味道酸中帶甜，與豬大腸同炒是絕妙配搭，製作時先將鮮芥菜洗淨，然後曬軟切碎，加鹽揉搓入甕內，使之發酸，待一週左右取出燜煮曬乾，再用蒸籠燻蒸，蒸後曬乾，曬後再蒸，蒸曬兩次以上後收藏。

客家菜同時善於物盡其用，而且注重藥食同療，如湯品「五指毛桃湯」，用山上野生的一種葉似五指的樹根五指毛桃，與豬排骨熬成湯，聞起香味誘人，吃起來不僅飽口福，還能達到平肝明目、滋陰降火之功效。另外客家菜中一種天然的色素——紅麴，也同樣具有食療的功能，它是用大米經微生物發酵製作而成的食品，可作食物的調料和增色劑，使用後可使食物顏色豔麗，在節慶食品中運用得尤其廣泛。

盆菜作為客家菜的菜式由來已久，也稱為大盆菜。大盆菜源於客家人傳統的「發財大盆菜」，顧名思義，就是用一個大大的盆子，將食物都放到裡面，和在一起，形成一種特有滋味。豐富的材料一層層疊進大盆之中，最易吸收餚汁的材料通常放在下面。吃的時候每桌一盆，一層一層吃下去，汁液交融，味道馥郁而香濃,令人大有漸入佳境之快。

明、清兩代，深圳下沙村民把盆菜稱為「新安盆菜」。當時吃盆菜用木盆盛菜，一桌用一個木盆，一張八仙桌，四條長凳，八人一桌，俗稱「吃盆菜」。後來下沙人丁興旺，生活越來越富裕，鬧元宵的人越來越多，就改稱為「大盆菜」。據説該村的盆菜是做工、配料、烹飪方式保存完好的正宗盆菜。

盆菜比之有來頭的「一品鍋」更富有鄉土氣息，看似粗簡，實質烹飪方法十分考究，分別要經過煎、炸、燒、煮、燜、滷後，再層層裝盆而成，用材亦內有乾坤，由雞、鴨、魚、蚝、腐竹、蘿蔔、香菇、豬肉等十幾種原料組成。盆菜吃法也符合中國人的傳統宗親法度，一桌子食客只吃一盆菜，寓意團圓，一派祥瑞氣象。大家手持筷子，在盆中不停地翻找，定然會呈現出情趣盎然的情景。盆菜中越是在盆深處的菜，味道越鮮美。傳統的盆菜以木盆裝載，現時多數改用不鏽鋼盆，餐廳亦有採用砂鍋的，可以隨時加熱，兼有火鍋的特色。

客家菜吸引食客的是濃郁的山野氣息和鮮明的鄉村特色，注重調和及搭配，原汁原味，真材實料，毫不取巧，可稱之為具有智慧的飲食文化。細細品味之下，領略到的是客家人濃厚傳統的文化氣質。

The Shunde people have learned how to prepare and enjoy delicate food. For example, with much time and effort, they have created a popular dish – soy bean sprout stuffed with mincemeat.

# 巧手順德味，食到風生水起

順德人「食不厭精」，吃得精明，食得精緻。民間有流傳在黃豆芽中釀肉餡的菜式，指的就是順德人在美食上懂得花心思，更願意付出時間和精力。

順德菜，是廣府菜中極具地方風味的菜系。「食在廣州，廚出鳳城」，是百多年來人們的觀點，這裡的鳳城指的就是順德。順德名廚多，被評為「廚師之鄉」，先不說專業人士，普通的家庭主婦也能煮上幾味美味小炒菜品。順德菜講究原汁原味，水鄉風味濃郁。「性清淡、嘗真味、巧變化、形式美」，這是一位食評家對順德飲食文化特點的概括。

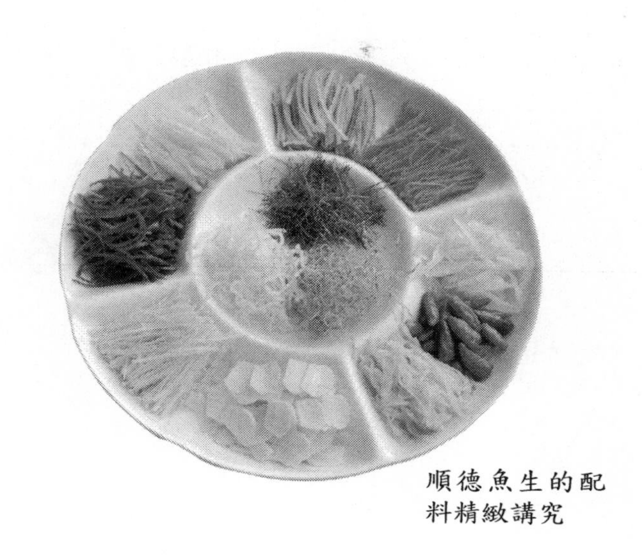

順德魚生的配料精緻講究

順德水網交錯，素有「魚米之鄉」的稱謂，果基魚塘、桑基魚塘這類複合型的農業生態平衡模式，曾經在順德實行得很成功。優越的自然條件，加上勤勞，順德人的生活過得相對富足，在飲食方面則表現出精耕細作風格。

順德菜以製作方式考究而令人追捧。他們在食魚方面，講究一個「鮮」字，但「鮮」度如何，卻是有層次之分的。死了不久的魚，其鰓尚紅，於中原一帶的人而言，已認為是鮮的了，但對於順德人來説，活蹦亂跳的魚才叫「鮮」。他們認為魚被捉的時間長了，經過長途運輸，儘管還沒死，仍屬不鮮，把這類魚叫做「失魂魚」。他們要吃那種即捕即殺即蒸的魚，未被折磨過的魚，

順德菜亦追求視覺給人的感官誘惑，如這盤金絲蝦球，充滿夢幻色彩

才叫「鮮」。因此在廣州經營順德菜的食肆，出售的魚餅要在順德預先打製好，再運來餐館做最後的加熱處理。他們認為魚類在運輸過程中，由於缺氧會令肉質纖維改變，做出的魚菜，就沒有了帶著韌性的爽口感覺。

順德廚師在烹飪魚餚時所使刀功更是令人叫絕。以一條鯪魚為例，鯪魚是淡水魚類，味鮮但因個體小又多骨，時人多用來煲湯，但在順德菜中，這些問題處理得非常到位。他們將魚肉剔除骨剁成魚膠，但是不能用刀尖砍，而是用刀背拍，反覆打製後的魚糜才有彈性，鯪魚肉剁好後可製成魚餅、魚球和魚鬆，食用時煎香，也可和其他蔬菜類同炒。

將鯪魚皮小心地拆下來，魚肉剁碎後和上冬菇、蝦仁等八種材料，重新釀入魚皮中，製作成完整無缺的原條魚形狀，炸熟後上碟切片，這就是由一道私房菜變化而來的八寶釀鯪魚。即便是鯪魚那麼小的魚頭，加入調配好的豆豉和醬汁，蒸熟後也是一味佳餚。

順德魚生，食過的人都會印象深刻。將新鮮的草魚、鯇魚或鱸魚，放到潔淨的山泉水中養數天，

完全不給食物，以達到「瘦身」的效果，讓魚消耗身體內的脂肪，吐乾淨肚子裡的泥沙和雜物；然後將魚開刀放乾淨血，將魚肉切成薄薄的魚片，魚片要達到雪白的質感，不能有一絲血跡，否則會有腥味；然後將魚片放到冰箱中冷藏，有殺菌和令魚肉更爽口的作用；食用時，還得添加配料，配料有醃薑絲、蔥絲、酸蘿蔔絲、炸芋絲、炸粉絲、炸花生米、香芝麻、檸檬葉絲、椒絲、蒜絲、生油、豉油等，集齊了香、辣、麻、酸、咸、甜各種味道，五彩繽紛，有人還加上白酒。吃魚生時，在大盤中將魚片和配料拌勻，這時同桌人一齊起筷，嘴裡還高呼：「齊齊撈起，撈到風生水起！」這樣的吃魚生儀式，在節慶時更受歡迎。

做了生魚片剩餘的材料，還能變出一桌魚宴來：煎魚尾金黃香脆，魚頭粥清甜香滑，豆腐魚骨湯可口清熱，魚腸蒸雞蛋別有風味。

炒牛奶也是順德菜的代表作。將水牛奶和上蛋白，與蝦仁、欖仁同炒，那如雪裡透著粉紅的賣相，實在招人喜愛。牛奶還可以炸著吃，可以燉著吃。順德更有風行全國的粥火鍋，那是用粥水做鍋底涮食肉類的火鍋形式，粥水的熱力能快速地鎖住食物水分，縮短烹煮時間，從而使燙涮的食物更美味。

順德菜這些創新和嚴謹的特質，曾經給予人們在飲食觀念上不同程度的衝擊。

The Cantonese in the west of the province get the most out of the raw materials for their 「 light, bland and fresh 」 dishes.

# 親近粵西，海鮮是家常

發揮食材本身的誘惑，是粵西菜慣用的手法，可以說，「清、淡、鮮」是其最本真的特點。

湛江地處粵西，三面環海，熱帶雨林氣候，以食材資源豐富而著稱，尤其是海產品的產量和質量，都是上乘的。湛江位於最有經濟價值的南海海域，這裡的海水溫度和氣候，適宜自養和化養各類水產。湛江已經成為漁業基地，其中捕撈、養殖、加工、銷售和集散的功能都日漸成熟。湛江海洋魚類有五百多種，蝦類有二十八種，貝類有四十七種。湛江海鮮產量之多，可以對蝦為例，據報導，湛江的對蝦每日銷量就超過三〇〇噸，也即是說，中國人每天食用的對蝦中，每四隻中有一隻來自湛江。

湛江古稱「廣州灣」，在飲食文化方面，有跟隨廣府菜潮流的風氣。粵西菜一般被視作江湖菜，「清、淡、鮮」是其最本真的特點。粵西菜的原料新鮮，多以粗料烹製，講求原汁原味。為了保持原料的原味，粵西菜在烹飪上多以清焯、水煮、煎及白焯的方法為主，並少放調料，務求帶出材料最原始的風味。在湛江菜館吃飯，最普通的菜式有：湛江白切雞一碟，蒸一條海魚，來一味蝦食，炒一碟青菜。

湛江白切雞與廣州白切雞在製作上大同小異，只是廣州人喜歡選用雞項（未下蛋的小母雞），湛

白切豬蹄

江選用的往往是體型比較碩大的騸雞，即「未成年」的被閹割過的公雞，同樣是用浸熟的方法製作，不過在佐料中會加入沙薑，因沙薑有醒胃消滯的用途。因為選料的不同，湛江白切雞的售價會更趨大眾化。在製作雞餚的同時，會產生一系列的附屬食材，比如雞血、雞雜等，湛江人當然不會丟棄這些食材，用胡椒搭配雞血，黃酒配對雞內臟，便成就了最質樸的美食。

湛江沙蟲是當地最有特色的物產。沙蟲外觀像腸子，很多人都覺得樣子太醜陋，敬而遠之，但是在湛江菜中，沙蟲是最金貴的食物之一，含有豐

泡椒蒸湛江蚝

鮮美的湛江雜魚煲

富的蛋白質，有很好的食療作用。沙蟲生活在沙灘泥沙之中，對環境極其敏感，若有污染則不易成活，捕捉也得找有經驗的人來操作。清洗沙蟲更是要小心翼翼，方法不當的話，會將沙粒留在腸體內影響口感。肥大肉厚的沙蟲特別鮮美，這樣的沙蟲會被湛江人奉若至寶，曬成乾沙蟲後就成珍貴海味，當然新鮮吃則更鮮甜。沙蟲可用濃湯焯，或放到白粥內滾熟，或用韭菜炒制，或是裹上脆漿炸酥。沙蟲都是湛江人用來招待貴賓的食物。

海雜魚煲，是湛江沿海的漁民把打撈到的小魚、蝦、蟹直接放到沙鍋裡，只加一點水和鹽，焗煮而成。因為集全了多種海產的鮮味，更因為不同的時節，甚至不同的時間，都可以品嚐到不一樣的水產味，所以吃過一次雜魚煲的人，都會期待下一次。雜魚煲是讓人吃出驚喜的菜餚。

美極小魚乾

「一夜情」的菜名令人印象深刻，其實是一款魚食，指魚在烹飪時要預先在埕中醃製一晚。通常用的魚有馬友魚或黃花魚，馬友魚的肉質細嫩，是一種優質的食用魚類，肉味相當鮮美，這種魚的肉質分層，像千層糕一樣層疊起來，醃製之後會一層層分開，所以在烹飪之前都先做醃製，製作時以花生油煎至表面金黃即可。

近年湛江的經濟有快速發展的勢頭，這種動力同樣也在飲食業中得到體現。湛江市區內的餐館，食客人頭湧動，就如十多年前的廣州一樣，「三茶二飯一宵夜」都興旺開來，從凌晨六點的早茶開始，到次日凌晨三點的夜茶結束，酒樓內食客不斷。

Living in a city with a myriad of tall buildings, residents may sometimes feel nostalgic for their rural home villages and local food featuring unprocessed simplicity, natural tastes and impressive rural experience.

# 鄉土情意從膳來

鄉土美食，吸引人的也許不止是有別於精雕細琢的簡單樸素，還有那份久違的不加矯飾的自然的味道。

在廣州的各大餐館裡，時有鄉土美食文化主題活動的推出，還有各式各樣的特色宴，全魚宴、全雞宴、鱷魚宴、全鹿宴、全蚝宴、全羊宴、香草宴、全豬宴、全牛宴、菌菇宴等，只有想不到的，沒有吃不到的菜。

「粵北山貨美食」，「中山鄉土宴」等，都是經營者在發掘鄉土美食的獨特之處，略加包裝推陳出新，這樣的手法極大程度上豐富了粵菜的內涵。當這些菜式被人們接受之後，相應的鄉土菜

親近大自然
的主題餐館

主題餐廳也應運而生，如以僑鄉黃鱔煲仔飯為主打的、為推廣雷州文化而產生的私房菜館等，都不期然地走進人們的視野。

鄉土菜中，有以韶關南雄為代表的粵北菜，有以恩平菜為代表的僑鄉菜，有以乳鴿以及脆肉鯇為人們所熟知的中山菜，也有以肇慶貢品文艿鯉魚和三水麥溪鯉魚為代表的特色魚宴。

蘿蔔丸配牛肉丸

粵北菜和僑鄉菜，都各自具有獨特的鄉土氣息，不過，都同時受到各種菜系的影響，在品味上兼有多者之長，但又因食材具有獨特性，因此在菜品上呈現不一樣的口感。

在廣州為人所熟悉的僑鄉飲食中，「金香黃鱔飯」是改進傳統煲仔飯的代表作。傳統的黃鱔煲仔飯將整條生的黃鱔放進煮開的飯煲裡，像「泥鰍鑽豆腐」一樣，讓黃鱔鑽進米堆裡。這種做法很容易造成夾生飯的情況，而且黃鱔未去淨內臟讓部分人無法接受，肉質也不甚理想。創製者就此做過無數次的對比試驗，最後發現將黃鱔肉拆成絲再跟煲仔飯一起焗製，能達到甘香的效果，終於烹飪出讓吃過的人都念念不忘的黃鱔飯。

恩平牛腳皮是傳統的小吃，在恩平小巷的街邊檔都可以吃得到。其用牛蹄的皮製作，特色主要是體現在芝麻醬汁上，微辣鮮香，加之牛腳皮表面

酥炸南乳花生

晶瑩剔透，咀嚼起來富有彈性，口感極爽。

僑鄉古法燜鵝，是用特別調配的醬料燜製而成，最大的特點是無燒烤之弊，但又不乏鵝肉濃郁的香味。以鵝做菜的做法不計其數，傳統的也有狗仔鵝，但是總不及他們的出品好吃。

五邑花肉王是臘肉類的食品，一般的臘製食品都是要經過風乾處理，但是這款菜式則不然。在長達一週的醃製過程中，豬肉在醬汁中一直處於濕潤的狀態，醃好後，顏色金黃，豬皮、肥肉、瘦肉相間，各有不同的口感，肥肉的部位晶瑩透亮，咬起來不會感覺肥膩，反有吃糖冬瓜般的爽脆，瘦肉部分鮮香，豬皮卻很有嚼勁，比之臘肉更甘香，佐酒最相宜。

僑鄉山野菜中，要數簕菜鯽魚湯最地道。簕菜是五邑特有的野菜，枝節間有小刺，味微苦，但是可解百毒，加之鯽魚的鮮味，飲後覺得回味微甘。還有芋苗煲，用的是當地鄉村最有特色的梗粗大的芋苗，加之特別醃製的鹹豬骨，那份野趣，實讓人讚歎不已。

韶關珠璣巷的臘鴨

Most Cantonese believe that a decent life depends on a pot of long braised thick and tasty soup on a daily basis. The soup can be seen as a metaphor for a secure and delightful family structure.

## 老火靚湯，用時間贏得美好

廣東人普遍都認同，美好生活全靠一煲老火靚湯，有了每天的這煲湯，家庭彷彿就能固若金湯。

蟲草燉水鴨

喝湯的歷史有多久，怕是沒人能考證，也許在人類懂得用器皿烹製食物之時就開始喝湯了。

中國各地都有煲湯的習慣，一般的湯在概念上分為甜湯、素湯和肉湯。甜湯也就是廣東人所說的糖水，一般作甜點用，可以單獨飲用，也可以宴席上用，廣東人還將其作為休閒食品。甜湯原料常用水果、各種豆類和滋補品，加糖和水煲成，著名的有冰糖燕窩、酸梅湯、綠豆海帶湯等。素湯是最普及的一種湯，最家常的有蔬菜湯、紫菜蛋花湯、絲瓜湯、蕃茄湯等，名貴的有各類山珍湯。肉湯種類最多，包括海產類和畜禽類，味道更鮮美，營養更豐富。

在中國的大部分地區，湯在飲食中只是一個可有可無的配角，有了是添滋味，沒有也不算是遺憾。唯有廣東人賦予了湯更旺盛的生命力，湯始終貫穿了整頓飯，飯前先喝小半碗老火靚湯，讓

胃有了接受食物的準備，飯畢再喝上一小碗甜湯，為一餐飯的過程做個完美的記號。

有人分析，廣東人之所以愛喝湯，與潮濕、暑熱的地域性氣候有著相當大的關係，氣候影響食慾，所以要用另一種進食方式補充，以致於在廣東生活的人必然不知不覺會愛上喝湯。廣東人有一句表示關心對方的話：「你應該多喝些湯啦。」這句話非常耐人尋味，從中表達了廣東人對湯那份不可言傳的情結。

廣東人最愛的養生
老火燉湯

迷你海鮮冬瓜盅

一碗老火靚湯，經過時間的熬製，不僅是果腹之物，更是傳情達意的好媒介，不太善於用言辭表露情感的人，把關懷融入到湯水中，讓受者暖胃可心。其中最佳的佐證是，廣東女人經營婚姻之道就如同煲老火靚湯，耐心是態度，選取搭配合理湯料是技巧，目的是讓勞累的愛人通過喝湯體味家庭的幸福。

廣東人的老火靚湯之所以聞名遐邇，就在於選湯料上的嚴謹而廣泛。每一種材料都仔細地研究其功效如何，在搭配上更是費盡心思，把不同的原料通過科學合理的搭配，精心烹調，既有營養又可起保健和美容養顏的作用。在烹飪技法上，能夠稱之為老火湯的，必然要費上許多的時間製作，俗語有「煲三燉四」的說法，意思是煲製的老火湯要用三個小時，燉製的滋補湯要夠四個小時。也有人認為長時間煲制的湯品，會使某些營

養素如維生素流失過多，不過終因花時間熬製的老火湯口感醇厚，而廣東的物質又相對豐盛，其他營養素汲取的途徑廣泛，所以人們依然對老火湯保持著熱戀的態度。

在廣東的餐飲行業中，湯是必不可少的經營項目，以湯直接作為餐館名稱的比比皆是，湯不僅成為招徠生意的載體，更是經營的實體。

A popular saying runs among the Cantonese: "No dinner can be joyful without chicken." The Cantonese chefs try to reach the apex of their skill in preparing a variety of chicken dishes.

# 有鳳來儀，嘗盡美味雞肴

粵人常道：「無雞不歡，無雞不宴。」粵菜廚師能把雞餚做到極致，雞的做法亦各適其式。

酸子薑撈雞

雞是中國古代六畜之一，《詩經》、《楚辭》多有提及，不過皆非論其味，而是為情所生，如「風雨如晦，雞鳴不已」是少女等待情人時所感，後人將這詩引申為，有志之士在黎明未到來前，依然堅守著信念。雞美名曰鳳，「有鳳來儀」是吉祥美滿的祝福語。

粵菜廚師善弄雞餚,《隨園食單》中清代詩人袁枚把廣東白切雞列為雞菜十款之首，說它「自是太羹、元酒之味」，自有其中道理。

清朝時期，廣東的四大名雞有：清遠雞、杏花雞、鬍鬚雞、文昌雞，可謂無人不知。因為飼養方式的改良，現在湧現出更多的名雞品種，有專門在果林裡奔跑的果園雞、茶香雞、走地雞、爬山雞、竹蟲雞，還有葵花雞、靈芝雞、蘆薈雞等等。

花彫酒浸雞

要説因名字而聞名遐邇的，要算是清遠麻雞。據説美國前總統尼克松、日本前首相田中角榮訪華時都曾對清遠雞讚賞有加。前者還成就「吃未婚雞」的佳話，令清遠雞名揚海內外，致使山雞變作鳳凰，為人間平添了一段雞餚傳奇。那是在一九七二年，美國總統尼克松第一次訪問中國。周恩來總理為了迎接貴賓，派人到全國各地找尋名菜。清遠雞幸運地被選中，尼克松在吃到清遠雞時，不停地讚美此尤物，又問此為何雞。這可難為了我們的翻譯，支支吾吾，不知如何翻譯。在粵語方言裡稱之為「雞項」，意思是未下蛋的小母雞，翻譯不知道怎樣形容「她」，周總理靈機

一動，便對尼克松說：這是清遠的一隻公雞的未婚妻。於是乎賓主歡顏盡展，成為日後坊間為人津津樂道的趣聞。

在粵菜雞餚的烹飪改進上，也曾發生過許多耐人尋味的故事。

二十世紀二〇年代，姑蘇風味菜館「陸羽居」的廚師，不囿於傳統，志在改良姑蘇風味的菜式，以增加經營優勢。他們在製作粵式白切雞的基礎上進行改良，將浸雞的水改成精滷水，加入豉油和其他調料上色，在上桌之前將玫瑰露酒淋到雞塊上，因此創建了與白切雞完全不同顏色和風味的「玫瑰豉油雞」。在接下來的歲月裡，一白一紅的兩味雞肴，時常以拼盤的方式出現在廣東人的宴席中，美其名曰「鴛鴦雞」。

「茶皇太爺雞」始創於清末的周縣官。周縣官自棄官之後，以經營熟食檔為生，他將當時外省流行的煙燻菜運用於雞餚上。把茶葉和白飯炒香，用精滷水浸熟豉油雞，將雞隻放到茶葉上煙燻，使雞肉平添了許多的香味，後人稱用此法製作的廣東煙燻雞為「太爺雞」。

鹽焗雞是客家菜系的一大傳統菜餚，集中體現了客家菜的特色。鹽焗雞的原創源於鹽民，他們用炒至高溫的鹽，覆蓋用玉扣紙包裹的雞，藏於可以保溫的砂鍋中，直至鹽的熱力將雞肉焗熟。在裝盤方面鹽焗雞可如白切雞一樣斬件上碟，也可用手撕的方式做成鹽焗手撕雞。

據說以前廣州有一家經營客家菜的餐館，某天來了位有意刁難的食客，要求食鹽焗雞。在無法滿足他的要求的情況下，老闆急中生智，用沙薑粉粉末塗在用手撕成的蒸雞上，令雞肉達到有鹽焗的鹹香效果，因此成就了具另外一種風味的「東江鹽焗雞」。後來鹽焗雞的做法也有種種不同的

一品太爺雞拼燒鴨配薄餅

變化，比如客家鹹雞就是這樣演化而來的。鹹雞的做法先是用鹽和香料塗擦雞身，醃兩個小時後隔水蒸熟，然後斬件上碟，比之傳統的鹽焗雞多了些潤滑的感覺。

雞是百搭食材，任何一種烹飪技法都可運用其上，產生不同的味道。

富貴鴛鴦雞

不老草燉雞

Cantonese style salted and roast meat is available at take-away food sale counters along the streets or within the restaurants of Guangzhou, in bright red, an appetizing color.

# 廣式燒臘，色誘的味道

在廣州街市或者酒樓的外賣間，有專門售賣燒臘的鋪子，掛著都是豔紅油亮的各種臘味，給人一種色誘的味道。

粵菜中燒臘菜式占有很大的比重，廣式燒臘一般分為燒味類、滷味類、臘味類三種。燒味和滷味是指烹飪肉類的製作方式，而臘味則是指醃製、燻製或風乾肉類的方法。

燒味類有燒乳豬、燒鵝、燒鴨、燒乳鴿、燒梅叉、燒排骨、燒雞等二十多個品種。燒和烤是相類似的烹飪手法，只是指食物受熱的方式不同。中國大部分地方稱之為「烤」的，是把食物置於炭火的上面；利用爐灶周圍的熱力輻射食物至熟的方法，被稱為「燒」。

廣東招牌菜燒鵝

北方有烤鴨，南方有燒鵝。「燒鵝」是粵菜中的一道傳統名菜，它以整鵝燒烤製成。成菜色澤金紅，鵝體飽滿，且腹含滷汁，滋味醇厚。將燒烤好的鵝斬成小塊，其皮、肉、骨連而不脫，入口即離，具有皮脆、肉嫩、骨香、肥而不膩的特點。通常佐以酸梅醬蘸食。

據載，歷史最久的燒鵝是在廣東新會的「潮蓮燒鵝」，距今有幾百年的歷史，如今在該地仍然有堅持以「古井燒鵝」為品牌的食肆，很多都標榜其出品為最正宗的燒鵝。在廣州的食肆中，經營粵菜的無不例外，都有「燒鵝」菜式，技法上沿用傳統的方式，只是在爐具的選擇上，或在燒鵝的輔料上有所區別，這就形成了有著各式各樣名稱的「燒鵝」。

燒鵝除了製法要得當外，更重要的是鵝種的選擇。清遠的黑鬃鵝和開平馬岡鵝是製作燒鵝的首選。而潮汕地區所產的獅頭鵝，因體型碩大，頭大頸粗，不宜燒製而要用滷水浸煮。

滷味類有白切雞、豉油雞、白雲豬手、滷水鵝、滷水豬腸、鵝頭、鵝掌、鵝翅、鵝胗等三十多個品種。「滷」這種烹飪方式大概有兩種，一是指把食物放到特定的滷水汁中煮熟而成，如白切雞；二是把食物先灼熟，然後投入到滷水汁中，浸泡一段時間而形成的涼菜，如白雲豬手。

廣東出產的蜆鴨和青頭鴨，味道好，常用來做成白切鴨、滷水鴨或烤鴨。也有將羊腩肉做成白切的。山羊在廣東的山區仍然有小規模的放養，這些山羊吃山林間的茅草，顏色有白有黑，但是在品種上，也許已經不是屈大均筆下吃香茅的乳羊。

肉類風乾和燻製，是為了易於保存食物的一種處理方式，在中國稱之為臘肉，在外國稱之為培

鴻運金豬

太爺白切鵝

用臘味製作的蝦餃

滷水香豬拼盤

根。燻風處理方法大同小異，只是風味因醃製時所用的醃料和燻製所用的木材而略有不同，或是松林香，抑或胡桃味。廣式臘味類有各種臘腸、臘肉、臘鴨、臘魚乾等五十多個品種，逢年過節，廣州人多把臘味當作禮物餽贈親友。臘味在粵菜中的用途比較廣泛，可做主料也可當輔料，或者隨意斬件蒸熟，就有芳香誘人的效果。臘味煲仔飯是點選率非常高的飯食。

廣式臘味中以臘腸和臘肉最受歡迎，臘肉是採用五花豬肉切長條，醃製後掛起曬乾或風乾。臘肉的品種和等級在於原食材豬肉的品質，還有在醃製時的調味得當。而鄉下的土豬臘腸採用的是土豬肉，加工時用人手剁碎肉類，跟工業化生產用機器攪肉的效果不同，手工製作的臘腸咀嚼感更佳，外觀上肥肉部分成半透明狀，與紅豔的瘦肉成為強烈的對比，引人垂涎。

除了在經營粵菜的飯店能夠品嚐到廣式燒臘外，此物更是融入了廣東人的日常生活。在一些粵語舊影片中，經常會看到這樣的場景：適逢有喜事，晚餐就得加多份「斬料」，「斬料」通常指的是燒味或滷味。

滷水豬尾

As a popular saying goes, "Inhabitants near hilly areas or coasts live on local resources." Guangdong is adjacent to the coast of the South China Sea with a more advantageous location than many other inland provinces, where seafood is readily available and thus remains a favorite food among all the Cantonese, to the same extent as squirrels' preference for nuts.

## 鮮活水產，總有一款讓人念

「靠山吃山，靠海吃海」，廣東位於南海之濱，地域的優勢使得廣東人比內地人更容易吃到生猛海鮮，其對海鮮的迷戀不亞於松鼠對堅果的熱愛。

粵菜中，生猛的海鮮水產，是最吸引食客的一個賣點。

在粵菜館裡，通常都設有海鮮魚池，或者擺放有冷凍的海鮮魚類。食客們只需到魚池裡選好水產過秤，然後由廚房烹製。可選用的煮食方法有白灼、清蒸、滾湯、煎封、鐵板燒、燒汁焗。或是品嚐原味，或是要香脆口感，都任由選擇。

在魚類膳食中，能採用的烹調方式多種多樣，不過，想要凸現魚的鮮味，唯有以清蒸為最佳選

風味桂魚卷

擇。為求味道鮮美，醬汁之類不能放得太多，以免佐料奪其本味。得道的食魚專家會建議：最多放些薑絲、蔥絲、枸杞，為的是突出魚的真味。有很多人在蒸魚時，多把蒸魚的原汁倒掉，而以調好味的味汁置換之，卻不知保留原汁，更能保持魚的本味。清蒸魚別樣鮮美，「魚味」足，而不是油鹽醬醋的混合體。而這種方式也成為粵菜最常用的烹魚方法。

魚的頭部雖小，但其中所含的豐富的營養價值估計是任何食物都無法比擬的。魚頭裡含有豐富的

紅燒石蟹

鈣、鐵和卵磷脂，這些不但是強身健體的好幫手，還是提高記憶力的最佳食物。魚頭適宜先略醃，放到不粘鍋裡煎香，這樣做的好處是不油膩但有香味，接著用砂窩起鍋，炒好配料，放入煎魚頭，略焗一下就可上桌，其中砂窩大魚頭最可口。

廣東人吃海鮮不受季節的限制。以蟹為例，一般認為大閘蟹要等到菊花黃的秋季才肥美，不過廣東人的俗語是這樣說的：「正月吃重殼，二月有靚水，三月裡來吃奄仔，四月黑奄仔，五月青蟹都靚仔，六月有得六月黃，七月八月吃油蟹，九月十月大閘蟹，此時正好吃上黃油蟹，十一十二吃膏蟹。」

廣東所產的蟹中，品質佳，比較受歡迎的有：湛江芷寮蟹，蟹膏非常豐富，被稱為頂角蟹，打開蟹殼，即可見到蟹膏覆蓋在雪白的蟹肉之上，煮熟後蟹膏金黃蟹肉雪白；斗門蟹，特點是殼薄肉鮮，而斗門重殼膏蟹除了蟹膏鮮香外，那富有韌性的褐色軟殼也非常吸引人；台山膏蟹，性價比高；潮州的赤蟹，很是有點名氣，不過奇貨可居。

墨魚線浸乳羊

廣東各地的蟹主要是靠漁民捕獲，有即時交付到餐館的，還有的是先放到沿海的魚排裡飼養一段時間，餵養飼料，目的是讓蟹膏更豐腴肥美。

蟹的食法也可變出百種花樣來。食蟹的方法之多，可以從一個側面反映粵菜大家族在吸引其他菜系所長後，形成不拘一格的風采。

靚膏蟹當然是原汁原味的做法最純粹，整隻蟹用來白煮是一向受人推崇的，其實就是把蟹原只放到淡鹽水中，加點薑和紫蘇葉煮熟即可；清蒸是後來的人們在白灼基礎上變化的結果，有原只清蒸的，比較講究衛生的可用拆件清蒸，這樣可去

咖哩紅米拌龍蝦沙律

過橋東星片

除鰓和內臟（蟹和尚）；清蒸的以膏蟹最相宜，用荷葉或籠罩蒸則可增加香味；如果是清蒸水蟹，宜放在深碟中，蒸好後的蟹水可是一定要吸食的；一些海蟹類，因為蟹膏少，為了增加鮮味，在蒸蟹時會加入黃酒和雞蛋。

潮州凍蟹是白煮之後冰鎮而成的。在廣州還有一款工夫蟹之作，就是白煮後的蟹，用藥材浸泡八小時之後再食用，這種方法強調其藥用價值。

薑蔥炒蟹是家常菜式，沒有多大的技術含量，蟹拆件後放到熱鍋爆炒而成，用薑蔥的香味搭配蟹肉的鮮味。此外，為了強調蟹的香味，還有依照客家鹽焗雞的方法製作的鹽焗蟹，也有用泥包住蟹來燒焗的泥鹽蟹。紅蟹粉絲煲是利用粉絲吸水性能好，用砂煲恒溫的功能令蟹肉非常鮮香，加上泰式的蝦醬則更具海鮮味。

香辣蟹是川菜與海鮮的完美結合，蟹的寒性與辣椒的熱性相輔相成。香辣蟹一般採用肉蟹，把蟹

杏香魚球

洗淨後用油炸香，再加入辣椒和高湯煮，或者再加入地方特色的醬料，出品色澤紅豔，集香、辣、鮮於一體。

避風塘炒蟹在香港風行了幾十年，可以說是跟香港共同成長的一道菜式。以前的避風塘，主要是漁民的集散地，也經營海鮮大排檔，炒蟹是最受歡迎的菜式之一，訣竅在於炒蟹時所用的醬料，可以令蟹鮮香的層次感更豐富，同時也可根據食客能夠接受的程度，加不同辣度的乾辣椒。後來，廣州等地的廚師也紛紛研製出屬於自己的調味醬，業內稱之為秘製醬，秘製醬炒蟹也就成為廚師和餐館的招牌。

豐盛的海鮮食材

近年受東南亞飲食的影響，咖哩菜式也越來越受到關注，咖哩炒蟹的方法也不難，主要是把蟹拉油後放到咖喱汁裡面煮即可。這道蟹食的靈魂在於咖哩的味道，越南咖哩辣度適中，還有椰奶味；印度咖哩的香味很神祕很特別。

當蟹的個頭不是很理想，炒之無味棄之不甘時，可以用來煮湯。梁實秋曾說，吃掉兩隻蟹後還能夠壓得住「陣腳」的莫過於一碗大甲湯，而這大甲指的就是蟹。拆蟹肉做包子和雲吞剩餘的蟹肢和蟹蓋也可用來做湯。花蟹由於蟹膏欠奉，所以也經常用娃娃菜、生地等煮成湯飲用。

膏蟹和水蟹用來下粥都是一流的，粥底除了白粥之外，講究的還用大地魚和珧柱熬成，膏蟹粥濃香，水蟹粥清甜，以用潮州砂鍋粥的形式來煮最好。

蟹跟糯米，本來是兩種不同食品，聰明的廚師拉起紅線讓它們聯姻，信物是荷葉和蒸籠。糯米先用清水泡兩個小時，目的是讓米吸收到足夠的水分，然後在蒸籠裡鋪荷葉，在荷葉上平鋪糯米，把蟹洗淨後拆件，擺放到糯米飯上加入調料，隔水蒸熟。選用水蟹和奄仔蟹最好，蟹的水分讓糯米更鬆軟多汁。

The Cantonese is adept at health preserving and proportional mixture of vegetables and meat. Inhabiting Lingnan, where almost all kinds of grains, vegetables and fruits are abundant due to local favorable climates around the year, there is a wide choice of resources of raw materials used for varied dishes.

# 五穀蔬果，適時食之

廣東人善養生之道，膳食配搭注重素葷比例，而嶺南四季氣候怡人，盛產五穀蔬果，因此可入菜之食材也豐富多彩。

五穀雜糧是嶺南人最主要的食品，粳米、糯米、黍米、玉米、蕃薯、木薯、芋頭、豆類、南瓜等，在山區的各個族群都有栽種。這些食糧除了作為主食之外，粵人還將其製作成為副食，特別

是在節慶時，以這些食糧製作成的小吃，除了有充當祭品的功能之外，更是飽口福的食品。廣府菜中的糕點、客家菜中的粄類、潮式粿品，這些傳統的點心小吃，都是由嶺南盛產的食糧製作出來的。

野生黃皮撈鵝腸

在飯食上，壯族人有五色米和八寶飯，畲族人有烏頭飯等，都是在烹製主食時產生的新花樣。客家人多以稻米為主食，飯甑飯和缽子飯是最有特色的飯食。飯甑是用木製的大型煮飯炊具，類似水桶蓋，中間放有一塊有許多孔格的箅，將大米煮至將熟未熟的時候，撈起飯粒放到飯甑內，繼續蒸氣蒸製，水蒸氣穿過箅上的氣孔，使飯熟透出，這樣的飯又香又軟，口感極好。與這種「大鍋飯」反道而馳的是缽仔飯，「缽仔」是淺口的

名為「上上籤」的酸甜素菜串

陶製品，將米放入缽仔內，加水放到蒸籠中蒸熟，米飯的分量視乎缽仔的容積而不同，從一兩到三兩不等，但基本上是一人一缽的食用形式，缽仔飯衛生美觀，在餐館中被大量使用。

說到廣東的菜蔬，那可算是四時鮮，時時有。若問廣東的食客喜歡什麼蔬菜，他們會說到具體什麼地方的什麼物產，比如增城的遲菜心、樂昌的砲彈芋頭、從化的鮮筍、水東的芥菜、潮州的芥藍頭等。也就是說，廣東人食菜蔬已經從量到追求質的飛躍。

廣東人對食材選用挑剔講究，但也並非一定出自名門，比如那山林田園間隨處可見的艾草，也是粵菜選用的食物。在傳統食品中，常採摘鮮嫩的艾草葉子和芽，作蔬菜食用，還可作「艾葉茶」、「艾葉湯」、「艾葉粥」等，以增強人體對疾病的抵抗能力。

鮮花入膳在粵菜中並不鮮見，金針花、茉莉花、玫瑰花、菊花、美女花、薑花、荷花、桂花、菜花都能做出美味的菜餚來，另外還有將茶葉製作成點心和菜品的。

説到水果，嶺南佳果早就舉世聞名。荔枝、龍眼、木瓜、香蕉、楊桃、番石榴、甘蔗、菠蘿、芒果、青梅等，除了直接食用外，都可以當作主料或輔料，直接或間接入饌食。它們可以製作成乾果蜜餞當休閒食品，可以榨成果汁佐菜，而醃製後的酸果子，也可成為調味品，增加食物味道的層次感。

在廣州花都，有一處偌大的桑園，依地勢栽種植成片成林的桑田，低窪的地方則築成魚塘。桑葉除了餵養春蠶外，還作為人們的一種食材食用，桑葉饅頭、桑葉鯽魚湯，無不耐人尋味。

墨魚釀桑葉

桑果現摘下，當天榨成桑果汁，桑果汁也可用來做果凍。《本草綱目》中有這樣的記載：「用桑葚搗汁煎過，同曲米如常釀酒。」桑果汁用濃縮的技術加工後，所得果液更清澈，並有著勝似紅葡萄酒的暈紅，加酵母發酵後可製作成桑葚冰酒。需製成冰酒是因為此果酒的甜度大，適宜放冰箱或加冰塊冰鎮後飲用。

桑果榨汁後剩下的渣以及蠶沙是塘魚的最佳飼料；池塘裡的泥則用作桑園的基肥；桑枝用來栽培靈芝；靈芝磨成粉加上桑葉的提取物用來餵養雞，如此飼養的雞被稱為靈芝雞，靈芝雞除了肉質鮮香之外還有滋補之效；蠶結繭後的蠶蛹是高蛋白營養食品，爆炒蠶蛹是很受歡迎的菜式；而未交配的蠶蛾公則可以在酒基中浸泡成藥酒；還能用高技術的處理方式，將蟲草菌接種到蠶蛹活體上，培育出蠶蛹蟲草。如此生生不息地循環，形成一個環保而健康的生態系統。

這樣的一個桑園，讓我們充分感受到農業的現代化，使得廣東的食材發展得如此豐富多彩。

伴隨著人們環保理念的升級，廣州的素菜館也在增加，間中素食或者長期食素的行為被越來越多人接受。時下的素菜可稱為新派素食，跟傳統的寺廟齋菜和宮廷素食有一定的差別。素食館的經營在不斷發展壯大，除了用全素的食材之外，現在大量使用複合的素食材，用一種或幾種的食材加工成仿葷或象形的素食品種，既能思葷之渴又不違健康養生之道。

滷水豬蹄肉配菠蘿汁

木桶飯

Following the popular saying, “Food is the most essential thing for people and taste is the priority for food selection.” Original tastes of Cantonese cuisine are given priority to seasoning.

# 粵菜調味，以本味先行

「民以食為天，食以味為先」，人們對食物的選擇，關鍵在於味，而粵菜的調味，可以說是以本味先行。

人對食物的要求會因地域、口味、風俗的不同而有所差異，但其標準不外乎三個方面：一是好吃，色香味俱全，這裡主要是指食物應該具有使人愉悅的味道，同時還可以被鑑賞，也就是除了滿足果腹功能之外，還能給其他感觀帶來美好的體驗；二是有營養，怎樣處理食材才有營養，這是從業者的專業課題；三是食物代表的寓意。寓意被廣州人稱為「意頭」，是利用語言中的諧音、隱喻、象徵的手法，把食物與吉祥的意義聯繫起來。

味在中國菜餚中，被當作是靈魂，是評判菜餚質量的一個重要元素。廣東人普遍對食物的評價不

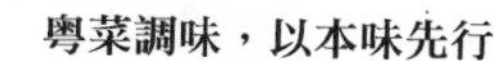

陳皮老薑燜綠頭鴨

是「好不好吃」，而是「好不好味」，比如說一道用雞做的菜餚很有「雞味」，那就相當於是給滿分的評語，即是食物在烹煮之後還能保持最地道的原味。

食物的五味有鹹味、甜味、酸味、辣味、苦味，以中國傳統的養生觀念，五味跟人的五臟相對，酸入肝、鹹入胃、辛入肺、苦入心、甜入脾。因此食物要做到五味調和，才能有益身心健康。

白切文昌雞

在粵菜的烹飪上，鹹味主要是以鹽來體現；甜味則用各種糖和蜂蜜來達成；酸味有紅醋、白醋、黑醋等調料，也會運用到酸梅、檸檬汁、橙汁以及一些醃製品來調和；苦味主要來自一些藥材，杏仁、柚皮、陳皮等；辣味則可以用許多植物和

調味醬達成，有各種辣椒、辣椒粉、胡椒、薑、芥末等。

粵菜中還有鮮味和香味一說，鮮味可使菜餚更鮮美可口，因此粵菜廚師有煲製上湯代替味精的做法，將清湯代替清水去灼製菜蔬，可令簡單的菜餚提高身價。食物若有香味，可去腥解膩，刺激食慾，要靠香料來體現，增香可用的食材有蔥、蒜、香菜、紫蘇、花椒、茴香、桂花、芝麻油等。

粵菜的味道，有「一菜一味、百菜百味」的說法，也有分「入味」和「出味」。「入味」是味道充分進入食物的內部，「出味」是指食材的基本味道可以在菜式中得到充分的體現。味道的生成，在烹飪過程中分三部分操作，首先是肉類在醃製時令其入味，在烹飪過程中增味，在菜品快完成時或完成後淋入芡汁。芡汁有不同顏色和不同的味道，能令菜式色香味俱全。

粵菜被稱為「本味派」，也就是說烹飪的最終目的是保持原料的本來味道，烹飪手法是強化食物本身的原味。

粵菜製作者的味感豐富，但凡有經驗的廚師，都能調配和自製出獨門配方的調料。在製作菜餚時，所有的調味汁事先調製好，在適當的時候，澆上芡汁，這也體現出粵菜後廚在管理上越趨系統性和標準化。

啤酒鹽焗東山羊腩

荷香燒水鴨

The techniques for preparing Cantonese dishes are continuously diversified, improved and evolving. Most chefs of Cantonese cuisine learn from others of the same trade to become skillful in deep-frying, stir-frying, steaming, braising, among other techniques.

# 解構百般煮食技藝

粵菜出品的千變萬化，皆因製作技法的不斷改進和演化。粵菜廚師大多有博采眾長的學習精神，煎、蒸、焖、炒、燉，樣樣在行。

但凡食物「色、香、味」俱全，我們會評定為「烹調得法」。而得法與否，主要依靠廚房中兩個重要崗位——候鑊和砧板。現代粵菜廚房的管理上，已經基本上實現流水線般的出菜程序，各個崗位分工明確，保證了菜品的標準化。

清朝一位叫王玉山的御廚，他大膽地在原先固定的鍋上裝上手柄，創出「抓炒」的技法，後來粵菜的廚師們改良成輕巧靈便的廣東鍋，令粵菜小炒的鮮香爽嫩的特質，發揮得淋漓盡致。炒菜掌鑊的，就是候鑊師傅，他的任務是令菜品在保證食物炒熟的同時，也能保證「鑊氣」。而砧板師傅則為前者準備菜式所需要的食材、配料和調料。

粵菜在發展過程中，不斷吸收其他菜系的技法，形成了時下常用的基本技法。這些技法可以用來單獨製作一道菜式，也能互相組合運用到一類菜式中，使得粵菜的出品千變萬化。

蒸，就是用水蒸氣將食物加熱至熟，一般情況下用時較短，以原料剛熟透為標準，細分有：清蒸法，食物不調味先蒸熟再淋調料，追求原味的海鮮常用此法；醬汁蒸法，食物調味後再蒸製，蒸雞、排骨、魚頭時常用；蒸釀法，將一種餡料釀入另一種食材後再蒸，代表菜式有百花釀魚肚、釀苦瓜等；裹蒸法，將調好味的食材用其他外皮包裹後再蒸，通常用的外皮有荷葉、粽葉、蕉葉等，蒸製後的食物有特殊的香氣；還有拼蒸法，這種做法是先將原料拼擺造型，然後再蒸製，代表名菜有麒麟鱸魚等。

正在參加烹飪比賽的廚師

麒麟星斑球

扣，是蒸煮技法的升級版本，指將處理好的原料放到碗中，利用水蒸氣，長時間加熱，直到食物變得軟軟，然後倒扣在碟子裡，代表菜式有梅菜扣肉、鮑汁扣羊頸等。

燉，也是利用水蒸氣加熱的一種技法，主要用來製作湯品，炊具是可以封蓋的燉盅，原材料中要加入適當的水，蒸製後食材的營養融合到湯水中。

灼和汆，技法類同，是將處理好的生料，投放到滾燙的湯水中，短時間快速加熱，食物剛好到達熟的狀態。這種技法一般是用在處理品質上佳的食材上，比如灼蔬菜、魚片等，一碟鹽水菜心能令人念念不忘，足以説明這技法的巧妙；也可以當著客人面，或由客人親自動手製作，俗稱為「堂灼」。有些名為「過橋」的菜式，也大多數是利用這種技法製作的。

養顏金瓜盅

浸，技法跟灼相似，不過用來浸製食物的載體不同，湯浸法的代表菜式有山泉水浸鯇魚，將原條瘦身鯇魚洗淨後，放到加有配料的湯水中，利用水溫慢慢浸熟鯇魚。除了用湯水還可以用油浸。

滾，通常指製作湯類，將食材處理好後，放到煮沸的湯水中，將食物加熱後調味，即可食用。代表菜式有鯪魚球時蔬湯、豆腐魚頭湯。

煲和熬，煲多用於湯類，與滾湯相似，只不過煲的時間更長，老火湯就是代表作。而熬一般指用於製作高檔湯品，加熱持續的時間在三個小時以上，才能達到滋味醇厚、湯色清冽的效果。

七樣菜（佛門素飄香）

燴，一般指燴湯羹，將材料處理成絲狀、蓉狀或小粒，然後投到湯內煮熟，最後要加入芡粉增稠。芡粉可以是馬蹄粉、粟粉等。代表菜有順德拆魚羹、三絲魚肚羹等。

滷，和浸的原理相同，將加工好的原材料或預先製作好的半成品、熟料放到事先調製好的滷水汁中，使滷水汁的味道滲入食材中。

焗和燜，這是兩種近似的技法，焗等同於紅燒，而燜是先將食材經拉油或油炸處理，再加入配料和湯汁，放到鍋內，以明火慢慢加熱，直到食物焾滑為止。蘿蔔燜牛腩、芋頭燜鵝等就是這一技法的出品。

燒，與烤同義，將醃製加工後的肉類，放到燒烤爐中，或使用明火所產生的熱輻射使食物至熟的技法。此技法的關鍵在於，肉類的醃製味道得當，燒製時的火候得法。

焗，將原料醃製後作特殊處理，用密封的加熱方式對食物進行加熱，使原材料自身的水分在受熱過程中汽化。有鹽焗、土窯焗、瓦　焗、鐵板焗、烤爐焗等，也有用不同的醬汁焗的，有上湯焗、油焗、芝士焗、燒汁焗等。代表菜式有客家鹽焗雞、土窯雞、芝士焗龍蝦、醬汁焗桂花魚等。

生拆蟹鉗海皇鮮奶豆腐

炒，將原材料放到鑊內用少量油炒熟，這是粵菜用得最多的技法。食材要分步驟投入鍋內，分開炒製或同炒都有講究，最後淋上少許的玫瑰露酒或料酒，令菜式充滿鑊氣和香氣。

煎、炸和爆，煎即是將原材料放到放有少許油的鍋內均勻加熱，直至食物表面金黃色；炸所需要的油份比煎要多，以浸過原材料為準，一般食物在炸前要調好味，或上脆炸漿，菜品一般比較酥香可口；而爆是指將食材炸好後，還在熱鍋內加上醬汁，再將炸好的食物放下去拌勻調味。

煮，將處理好的原材料放到湯水中煮熟成菜。往往要先炒製食物再加湯，這樣菜品的香味更濃郁。這是一種最古樸的烹飪技法。

扒和拌，這兩種技法多在最後出菜裝盤時使用。扒是指將分別烹煮好的食材，按不同的順序擺放到碟子中，代表菜式有鮑汁冬菇扒菜膽，菜膽先灼熟，撈起放到碟子中，冬菇用鮑汁扣好，然後將冬菇連汁一起倒到菜膽上。而拌專指製作涼拌菜，也有人稱為「撈」的，指將預先灼熟的食物，或是新鮮潔淨的食材放到容器裡，加入調料拌勻即可，比如順德子薑撈雞、涼拌木耳等。

百花釀魚肚

粵菜廚師大多有博采眾長的學習精神，為了保證食物的溫度，在炊具上廣泛運用砂鍋、石窩、鐵板等，這些炊具既是煮食工具，又可直接上桌。為了保持食物的鮮味，常會採用堂烹的形式，也

師傅們正在切分豬肉

就是說在食客面前即場製作食物，如煎鵝肝、雪花牛肉、鮮鮑等，既可以讓食客直觀地感受到原材料的新鮮度和在烹飪過程中產生的香味、聲音，亦能起到烘托氛圍的作用。

在粵菜的術語中，菜餚的造型也是烹飪技術中的一個重要組成部分。菜品上桌後，首先要給人們以美的視覺享受。在菜品造型設計時，首先考慮的是器皿是否美觀，是否與菜品的品相搭配得當，色彩是否協調，大小是否相配。如鄉土菜配上質樸的陶瓷，精緻小炒配上精美的骨瓷。

冷盤菜要造型好，首先要考究刀功。滷味、燒味都是在食物烹製好後，上桌前才切件，要求所切的食物要大小一致，最後堆砌到碟子中時，要美觀大方，白切雞要疊成仿生鳳形。而熱菜的盤飾也不容忽視，特別是在宴席上，蔬果雕刻、鹽雕、面塑等都是受歡迎的裝飾。但是隨著人們飲食理念的進一步提升，要求在碟子裡的東西都是

美食美器

可以吃用的，因此廚師們就利用食物的形狀特點，加上相應的器皿或醬汁，創出新穎而具有觀賞價值的菜式。

The Cantonese like to associate dishes with good wishes. Therefore they are fastidious about naming their dishes with rich cultural implications, which is not always given due attention.

# 食在廣東，粵食粵精彩

廣東人愛講意頭，為菜品取個吉祥如意的名字成為經營中一個取巧的方法。

為虎，蟹黃為牡丹，蝦膠是百花，「佛手排骨」很新穎吧，「一帆風順」讓人喜形於色，「大地回春」是好味道的野生菌，將福壽魚起片蒸就成為「福壽雲來」，林林總總的生動活潑的菜名，平添了許多的心理滿足。

廣東食品的好意頭，在逢年過節之際，更能凸現其舉足輕重的地位。意味團圓，中秋要吃月餅，元宵節則是吃湯圓。燒全豬是各種祭祀儀式上必不可少的，要燒的「紅皮肚壯」才顯富貴，儀式完成之後，由年長者切分燒肉給大家，正所謂「太公分豬肉」，折射出傳統的家庭倫理觀。

除夕年夜飯向來備受重視，無論相隔多遠，工作有多忙，人們總想方設法回到家中，吃一頓團團圓圓的年夜飯。家裡的菜式也會首先考慮意頭，比如髮菜豬手意為發財就手，表達的是很實在樸素的願望。在廣東上酒樓吃年夜飯漸漸成為時尚，酒家使出渾身解數最大限度地照顧客人的要求，準備好眾多款式的菜譜，無不體現吉祥如意的意頭，如年年有餘（魚）、金玉滿堂（炒肉丁）、招財進寶（雞腳扒冬菇）等。

過年時，廣東人家裡用來做裝飾又可食用的食品也很有意思。客廳裡擺放年橘是大吉大利之意；

玫瑰露酒三杯雞

放置幾根連頭帶尾的甘蔗，以此來祝願小孩子快高長大，大人在工作中步步高升；把生菜、芹菜、蒜苗、蔥用紅繩紮起來加上一個紅包掛在門旁，意為發財、勤力、懂計數、聰明。節慶的各式小吃，也能說出一堆名堂來，吃蜜餞說是甜甜蜜蜜，吃蘋果寓意平安，吃柿餅寓意事事如意，吃杏仁寓意幸福，吃年糕寓意一年比一年高。

酒糟焖螺肉

粵菜是代表嶺南文化的重要名片之一，越來越多的人，對於這項已經融入我們的生活的事物，充滿著喜愛之情，同時不斷思考，如何讓這般美好的享受，以最到位的方式跟其他人分享？

第十六屆亞洲運動會於二〇一〇年十一月在廣州舉行。蝦餃、燒賣、蘿蔔糕、春捲等具有嶺南特色的茶點和廣東蕎頭、冰鎮涼瓜、蚝油扒雙菇、廣式燒鴨等各式菜餚，鮮蝦燒賣、榴蓮酥、百合紅豆沙等特色點心，這些為廣東人所熟悉的粵菜、粵點名字，都被列入到亞運村內的運動員主餐廳和主媒體中心餐廳的菜單裡，希望在不經意間，能給享用它們的各國運動員和各國媒體記者，留下深刻的印象，共享粵菜給予人們愉悅的味覺之旅。

嶺南文庫 A0702A05

# 嶺南文化十大名片：粵菜

主　　編 林　雄
編　　著 茉　莉
版權策畫 李　鋒

發 行 人 陳滿銘
總 經 理 梁錦興
總 編 輯 陳滿銘
副總編輯 張晏瑞

出　　版 昌明文化有限公司
桃園市龜山區中原街 32 號
電話 (02)23216565
印　　刷 百通科技股份有限公司
發　　行 萬卷樓圖書股份有限公司
臺北市羅斯福路二段 41 號 6 樓之 3
電話 (02)23216565
傳真 (02)23218698
電郵 SERVICE@WANJUAN.COM.TW
大陸經銷 廈門外圖臺灣書店有限公司
電郵 JKB188@188.COM

ISBN 978-986-496-213-6
2019 年 7 月初版二刷
2018 年 1 月初版一刷
定價：新臺幣 220 元

如何購買本書：
1. 轉帳購書，請透過以下帳戶
合作金庫銀行 古亭分行
戶名：萬卷樓圖書股份有限公司
帳號：0877717092596
2. 網路購書，請透過萬卷樓網站
網址 WWW.WANJUAN.COM.TW
大量購書，請直接聯繫我們，將有專人為您服務。客服：(02)23216565 分機 610
如有缺頁、破損或裝訂錯誤，請寄回更換

**Printed in Taiwan**

國家圖書館出版品預行編目資料

嶺南文化十大名片 ： 粵菜 ／ 林雄主編. -- 初版. -- 桃園市 ： 昌明文化出版 ； 臺北市 ： 萬卷樓發行, 2018.01
面 ；　公分
ISBN 978-986-496-213-6(平裝)
1.食譜 2.飲食風俗 3.廣東省
427.11　　107001996

**本著作物經廈門墨客知識產權代理有限公司代理，由廣東教育出版社有限公司授權萬卷樓圖書股份有限公司出版、發行中文繁體字版版權。**
**本書為金門大學產學合作成果。**
**校對：邱淳榆／華語文學系三年級**